好奇心书系
自然观察手册

岩石与地貌

A FIELD GUIDE TO ROCKS
& LANDFORMS

主编 朱 江

U0188127

重庆大学出版社

图书在版编目（CIP）数据

岩石与地貌／朱江主编. 一 重庆：重庆大学出版社，2014.10（2023.8重印）

（好奇心书系.自然观察手册系列）

ISBN 978-7-5624-8185-0

Ⅰ.①岩… Ⅱ.①朱… Ⅲ.①岩石学—普及读物②地貌学—普及读物 Ⅳ.①P58-49②P931-49

中国版本图书馆CIP数据核字（2014）第093956号

岩石与地貌

主编 朱 江

编著者 朱 江 李 旭 金晓骞

策划：鹿角文化工作室

摄影：郭克毅 於晓晋 朱 江

张 峥 王 涛 张文龙

张 超 谢 曼 高启纲

陈 呈 龚 霞 井佰阳

责任编辑：梁 涛 版式设计：田莉娜

责任校对：邹 忌 责任印制：赵 晟

*

重庆大学出版社出版发行

出版人：陈晓阳

社址：重庆市沙坪坝区大学城西路21号

邮编：401331

电话：(023) 88617190 88617185（中小学）

传真：(023) 88617186 88617166

网址：http://www.cqup.com.cn

邮箱：fxk@cqup.com.cn（营销中心）

全国新华书店经销

重庆五洲海斯特印务有限公司印刷

*

开本：787mm×1092mm 1/32 印张：3.125 字数：103千

2014年10月第1版 2023年8月第7次印刷

印数：20 001—23 000

ISBN 978-7-5624-8185-0 定价：23.00元

前　言

　　每当我们外出远足，就会被大自然的鬼斧神工所震撼。地球表面各种各样的地表形态，那连绵起伏的山峦，峻峭的山峰，幽深的峡谷，还有中国西部传说中的魔鬼城，以及山岭之中那些各种各样的岩石，无不令我们好奇。这些都是地形和地貌。

　　人们常常感到好奇，山岭间那些形形色色的岩石是怎样形成的？那些峭壁是被谁砍削而成的？那些奇巧的山岩是由谁雕琢的？那些摇摇欲坠的危岩又是谁放上去的？

　　地形地貌的形态特征与岩石类型密切相关，同时还受气候、水文等多种因素的影响，它们在地球46亿年的历史中不断地变化着，可以为我们讲述地球自远古以来的许多故事。

　　也许你喜欢游历名山大川。在我们的行程中，了解一些岩石的类型及其特征，识别各种地形地貌，了解它们的形成过程，并且从中发现一些有意思的东西，会使我们有些艰辛的跋涉过程变得更加有趣。

　　也许你钟情于收集一些漂亮的石头，其实石头不仅有许多实际用途，还可以帮助我们了解所到地方的地质历史变迁以及未来的发展变化。了解石头中包含的故事，会使你的收集更加趣味盎然。

　　就让我们一起去野外看看都有些什么样的岩石，它们又形成了怎样的地形地貌吧！

朱　江

2014年4月

目 录

CONTENTS

岩石与地貌

A FIELD GUIDE TO ROCKS&LANDFORMS

岩石学入门知识

岩石是矿物的集合体,是各种地质作用的产物,是地球坚硬的固态表面圈层——地壳的物质基础,是大自然中最常见的物质。

岩石一般由多种矿物组成,如花岗岩由石英、正长石、斜长石、黑云母等组成;特殊的也有单一矿物组成的,如石灰岩、石英岩等。

▶ 正长岩岩脉

研究岩石的主要方法

收集岩石标本

收集岩石主要根据自己的喜好,考虑的因素包括不同的岩石种类、奇特的形态、漂亮的颜色、有趣的纹路等。从收藏的角度来说,风化的岩石没有意义。

收集岩石不仅可以在野外,也可以在采石场、石材加工场、建筑施工工地、道路

▶ 北京房山大石窝石料场

1

施工工地等处。事实上，在采石场和工地可能收集到更好的岩石。因为许多岩石非常坚硬，未风化的岩石我们很难从山上将它们敲下来，而那些石材加工过程中的边角料恰恰适合我们收集。

岩石鉴定的主要方法

不难了解，地质作用的性质及岩石形成的环境决定着矿物彼此组合的关系，即矿物在岩石中的分布情况；换句话说，决定着岩石的外貌，并以此作为鉴别三大类岩石的主要根据。这些关系表现在岩石的结构和构造两个方面：

岩石的结构

岩石中矿物的结晶程度、颗粒大小和形状以及彼此间的组合方式叫作结构。这主要决定于地质作用进行的环境，在同一大类岩石中，由于它们生成的环境不同，就产生了种种不同的结构。

岩石的构造

岩石中矿物集合体之间或矿物集合体与岩石的其他组成部分之间的排列方式以及充填方式叫作构造，这反映着地质作用的性质。由岩浆作用生成的岩浆岩大多具有块状构造；由变质作用生成的变质岩，多数情况下它们的组成矿物一般都依一定方向作平行排列，具片理状构造；由外力地质作用生成的沉积岩是逐层沉积的，多具层状构造。

▶ 沉积岩的层状构造

岩石与地形地貌

岩石的形成与分类

岩石按照其形成原因可分为三大类：岩浆岩、沉积岩和变质岩。

岩浆岩

岩浆岩是内力地质作用的产物，系地壳深处的岩浆沿地壳裂隙上升，冷凝而成。其特征是：一般较坚硬，绝大多数矿物呈结晶粒状紧密结合，常具块状、流纹状及气孔状构造。原生节理发育。

岩浆岩的矿物成分主要有石英、长石、云母、角闪石、辉石、橄榄石等，它们是地壳岩石的主要成分，被称为造岩矿物。根据造岩矿物的种类和各种矿物的含量多少，可确定岩浆岩的性质。根据SiO_2含量，可以把岩浆岩分为四类：超基性岩（SiO_2含量小于45%）、基性岩（SiO_2含量为45%~52%）、中性岩（SiO_2含量为52%~65%）、酸性岩（SiO_2含量大于65%）。一般从酸性岩到超基性岩，暗色矿物的含量逐渐增多，岩石的颜色也由浅而深；密度上也有显著差异，酸性岩密度较小，基性和超基性岩密度较大。

根据产状，也就是根据岩石侵入到地下还是喷出到地表，岩浆岩又可以分为侵入岩和喷出岩。侵入岩根据形成

▶ 花岗伟晶岩

深度的不同，又细分为深成岩和浅成岩。深成岩形成于比较深的地下，温度是缓慢下降的，其中的大部分矿物都会形成比较好的晶体，颗粒也会比较粗大，颗粒直径一般在1~10 mm；浅成岩由于岩浆侵入到地表附近，温度降低得很快，其中只有部分成分能形成晶体，其余不能形成晶体的部分成为基质，因此岩石中的晶体呈斑状分布，被称为斑岩或玢岩。如果岩浆直接喷出地表则为喷出岩，因为迅速冷却，就难以形成肉眼可见的矿物晶体，被称为隐晶质或玻璃质。

橄榄岩 Dunite

▶ 橄榄岩

橄榄岩为典型的超基性岩，呈深绿色或绿黑色，主要成分是橄榄石和辉石，绝不含有石英。橄榄石的晶体为橄榄绿色或褐黄色，厚板状；辉石的晶体为短柱状，呈黑色或褐黑色。

橄榄岩在地表比较少见，而且它在地表极容易风化成蛇纹石。

金伯利岩 Kimberlite

金伯利岩为偏碱性的超基性岩。因1887年发现于南非的金伯利(Kimberley)而得名，旧称角砾云母橄榄岩。它是产金刚石最主要的岩浆岩之一。我国山东、辽宁、河北等地有金伯利岩出露。

▶ 金伯利岩

辉长岩 Gabbro

辉长岩是典型的基性岩，颜色为黑色或灰黑色，主要成分为辉石和斜长石，次要矿物为角闪石和橄榄石。角闪石晶体呈柱状，断面呈假六方形或菱形，为黑色或黑绿色。

▶ 辉长岩

玄武岩 Basalt

玄武岩是常见的喷出岩，属于基性岩。颜色多为黑灰色或暗褐色，隐晶质或玻璃质，其中常含有大小不等的气孔，有时还含有细小的辉石和橄榄石斑晶，小的气孔后期可能会被填充上白色的矿物成分，称为杏仁构造，大的孔洞可能形成晶洞或燧石、玛瑙。

▶ 玄武岩气孔中的燧石-内蒙古响水

▶ 玄武岩气孔中的紫晶洞-内蒙古响水

▶ 玄武岩中的橄榄石斑晶-内蒙古达赉湖砧子山

▶ 闪长岩

闪长岩 Diorite

闪长岩为典型的中性岩，整体呈暗灰色。其中主要成分为白色的斜长石和深色的角闪石，还含有少量的辉石、黑云母和石英等。斜长石晶体常呈板状，集合体成粒状，白色或灰白色。

安山岩 Andesite

安山岩为中性喷出岩，分布范围仅次于玄武岩。岩石一般为灰、灰绿、淡紫或紫红色，其中含有少量斜长石、角闪石、辉石和黑云母的斑晶，而且斑晶常呈定向排列，这是由于岩浆是在流动中冷却的。安山岩也会有气孔和杏仁构造。

▶ 安山岩

正长岩 Syenite

正长岩属于偏碱性岩，主要成分是正长石、角闪石和黑云母，石英含量极少或无，正长石颜色为肉红色，因此正长岩颜色常偏红或灰色。

▶ 正长岩

▶ 正长岩山体

花岗岩 Granite

花岗岩是地壳中分布最广的岩石，花形容这种岩石有美丽的斑纹，岗则表示这种岩石很坚硬，也就是有着花般斑纹的刚硬岩石的意思。

花岗岩一般整体呈黄色带粉红或灰白色，主要成分是石英、长石和云母，是典型的酸性岩浆岩，形成于地壳内部，属于深成岩。云母晶体常呈假六方板状，通常呈片状、鳞片状集合体，透明，极完全解理，易剥离成薄片，有无色、金色和黑色的，分别被称为白云母、金云母和黑云母。花岗岩中的石英常呈不规则粒状，无色透明，硬度大。

花岗岩是岩浆在地壳深处逐渐冷却凝结成的结晶岩体，常能形成发育良好、肉眼可辨的矿物颗粒，其中既有深色的矿物，也有浅色的矿物。深色矿物是密度最大的铁镁硅酸盐矿物，在岩浆温度最高时形成，其中晶体呈薄片状的是黑云母和白云母，晶体细长的是角闪石。浅色矿物密度较小，在冷却的后期形成，又呈现不同颜色，有

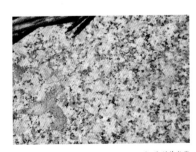

▶ 典型花岗岩

透明的石英，不透明的又有灰白色的斜长石和肉红色的正长石。

花岗岩石英含量在20%~50%。长石含量约为总量的2/3，分为正长石、斜长石（碱石灰）及微斜长石（钾碱）。不同品种的矿物成分不尽相同，还可能含少量的角闪石。暗色矿物的最大含量不超过20%（按体积）。花岗岩中含量较少的主要矿物是白云母、黑云母、角闪石、辉石或罕见的铁橄榄石，黑云母是任何类型的花岗岩中都必须有的成分。含钠的角闪石和辉石（钠闪石、钠铁闪石、霓石）是碱性花岗岩所特有的。

花岗岩形态多为岩基、岩株、岩钟等，是规模变化极大的不规则岩体，野外观察为块状构造。

通常，人们把类似花岗岩的岩石都称作花岗岩类，但这其中包含了许多种类的岩石，而且辨别起来也很容易，最主要是看其中石英的含量和深色矿物的含量多少。

按所含矿物种类，不含深色矿物的被称为白岗岩，深色的角闪石含量比较多的被称为花岗闪长岩。

▶斜长花岗岩

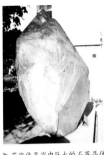

▶花岗伟晶岩中巨大的石英晶体

▶文象花岗岩

花岗岩按结构构造，可分为细粒花岗岩、中粒花岗岩、粗粒花岗岩、斑状花岗岩、似斑状花岗岩等。

当酸性岩浆以岩脉的形式侵入围岩时，可形成花岗伟晶岩，其矿物颗粒可能很大，直径从数厘米到一米以上。其中暗色矿物很少，常含有电气石、黄玉、绿柱石等宝石成分。

伟晶岩中经常会出现石英和长石晶体穿插形成的类似古代象形文字的结构，被称为"文象结构"。

花岗岩是岩浆在地下深处经冷凝而形成的深成酸性火成岩，部分花岗岩为岩浆和沉积岩经变质而形成的片麻岩类或混合岩化的岩石，如片麻状花岗岩。

流纹岩 Phyolite

流纹岩是典型的酸性喷出岩。颜色为灰白、粉红、浅紫、浅绿色等，多数有长石和石英斑晶，块状表面有流纹构造。

▶流纹岩

▶ 雪花黑曜岩－长白山天池

黑曜岩 Obsidian

黑曜岩属于酸性喷出岩。由于熔岩含有比较多的二氧化硅，黏度大，在喷出时迅速冷却不能形成晶体而呈玻璃状。黑曜岩颜色发黑，边缘透明呈绿色，有光滑的贝壳状断口。其中具有灰白色微晶斑的称为"雪花黑曜岩"。

沉积岩

沉积岩是地表风化物经过风或水的搬运后在新的地点沉积形成的岩石，随着搬运介质和沉积条件的不同，岩石呈现不同特点。大多数沉积岩有着明显的水平层理。

砾岩 Breccia

砾岩是含有粗大砾石的沉积岩，其中砾石含量占50%以上，砾石直径可从2~1 000 mm。过于粗大的砾岩层理可能不够清晰，但是根据其中种类繁杂的砾石，就很容易判定。

▶ 层理不明显的砾岩

河床搬运和堆积形成的砾岩，其中的砾石会有不同程度的磨圆，越圆的砾石说明在河床中走得越远。砾石的大小则与水流的速度相关，水流急的河流，只有比较大的砾石留在了河床中。水流缓的河段，

▶ 层理比较明显的砾岩

则会留下更小的砾石甚至沙砾。

　　没有经过河流长途搬运的砾石会保留棱角，称为角砾岩。在风化地直接形成的岩石以及由冰川搬运堆积形成的砾岩都是角砾岩。

▶角砾岩

砂岩 Sandstone

　　砂岩是由像沙滩上的沙子大小的颗粒组成的岩石，可以形成于海滨、干旱多风的沙漠、河岸的沙滩等处。根据沙砾的大小可分为粗砂岩、细砂岩、粉砂岩；根据其成分又可分为石英砂岩（含石英砂超过90%）、长石砂岩等。

▶砂岩

泥岩 Mudstone

弱固结的黏土经过中等程度的后生作用（如挤压作用、脱水作用、重结晶作用及胶结作用等）即可形成强固结的泥岩。

页岩 Hornfels

页岩是层理很薄的一类岩石，常形成于河床及湖底等处。页岩成分非常细，多为粉沙质或泥质，非常易碎，出露地表后很容易风化破碎。由于形成条件的不同，页岩会有不同颜色，紫色页岩代表炎热的气候条件，页岩常保存有古生物化石。

▶ 灰黑色页岩　　　　　　　　▶ 紫色页岩

▶ 破碎的页岩山体

火山碎屑岩 Volcaniclastic rock

还有一类沉积岩与火山有关，在古火山附近能够见到，如以火山灰为主的凝灰岩，以及含有砾石的火山角砾岩或火山集块岩。

凝灰岩是火山喷出地表，颗粒比较细的火山灰落在地表，堆积固结成岩的产物。凝灰岩的火山碎屑物质有50%以上的颗粒粒径小于2 mm，外貌疏松多孔，粗糙，有层理，颜色多样，有黑色、紫色、红色、白色、淡绿色等。

▶ 凝灰岩

火山角砾岩则含有比较多的颗粒更大的碎屑，直径在2~100 mm的碎屑占1/3以上，碎屑有棱角或稍加磨圆。

▶ 火山角砾岩

石灰岩 Limestone

石灰岩是分布最广的一类岩石，属于典型的化学沉积岩，主要形成于浅海，是海水中含有的碳酸钙缓慢析出沉积而成的，主要成分为方解石，按成因可分为生物灰岩、化学灰岩及碎屑灰岩等。

石灰岩呈现不同深度的灰色，有明显的沉积层理，有时含有白云石、黏土矿物和碎屑矿物，会呈现黄、浅红、褐红等色，硬度一般不大，与稀盐酸反应剧烈，比较容易辨认。

除了典型的石灰岩以外，

▶ 典型石灰岩

还有许多成分、结构稍有差异的岩石，被统称为石灰岩类岩石，如当黏土矿物含量达25%~50%时，称为泥质灰岩；含白云石（$CaMg(CO_3)_2$）25%~50%时，称为白云质灰岩；有些含有硅质条带，称为硅质条带灰岩，硅质部分硬度比较大，风化过程中常被留下来。还有形成于滨海区域的碎屑灰岩——竹叶状灰岩等。

▶硅质条带灰岩

▶硅质条带灰岩造园

▶灰岩-竹叶状灰岩

含有微体生物硅藻的属于生物灰岩，最常见的有叠层石。

石灰岩是烧制石灰、水泥的主要原料，在冶金工业中做熔剂。在野外，有灰窑的地方一定是石灰岩大面积分布区。

▶ 叠层石外观

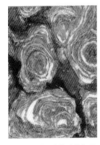

▶ 叠层石横切面

▶ 叠层石纵切面

白云岩 Dolomite

　　白云岩是另一类化学沉积岩，主要由细小的白云石组成。外表特征与石灰岩极为相似，但加冷稀盐酸不起泡或起泡微弱，具有粗糙的断面，且风化表面多出现格状溶沟。

▶ 白云岩

变质岩

早期形成的岩石由于环境条件发生剧烈变化而导致岩石的成分、结构发生变化而形成的新的岩石类型是变质岩。

变质岩分热力变质和动力变质。实际上，一种变质岩往往可能同时受动力和热力作用，不能截然分开。

热力变质岩是岩浆在侵入过程中，岩浆的高温使围岩重新结晶，改变了矿物的结构，抑或是岩浆中的一些成分进入了围岩，改变了原岩石的化学成分，形成了新的岩石；还有一种情况是，岩浆的高温使围岩中的矿物部分挥发性成分流失，形成新的岩石。

岩浆的高温导致围岩重结晶随围岩原来的成分不同而异，如石灰岩会变质为大理岩，砂岩会变质为石英岩。

动力变质作用是岩石受定向高压影响，其中的矿物成分重新结晶，形成体积缩小、密度增大的新矿物。动力变质作用形成的岩石的另一个特点是其中矿物晶体常呈定向排列。

在区域变质过程中，随着温度、压力的增高，变质加深，硅铝质原岩依次变质成为板岩、千枚岩、片岩、片麻岩等岩石。

板岩 Slate

板岩是具有板状结构，基本没有重结晶的变质岩，属于低温动力变质岩。原岩为泥质、粉质或中性凝灰岩。由于板岩的岩性致密，水平承受压力强，而板状劈理发育，沿理方向可以剥成薄片。在有板岩的山区，板岩常被用作房屋的覆瓦。

▶ 板岩

千枚岩 Phyllite

千枚岩是具有千枚状构造的低级变质岩石。原岩通常为泥质岩石、粉砂岩及中、酸性凝灰岩等，经区域低温动力变质作用或区域动力热流变质作用形成。显微变晶片理发育面上呈绢丝光泽。变质程度介于板岩和片岩之间。常为细粒鳞片变晶结构，粒径小于0.1 mm，在片理面上常有小皱纹构造。

▶千枚岩

片岩 Schist

片岩是常见的区域变质岩石，其特征是有片理构造，原岩已全部重结晶，由片状、柱状和粒状矿物组成。一般为鳞片变晶结构、纤状变晶结构和斑状变晶结构。常见矿物有云母、绿泥石、滑石、角闪石、阳起石等。粒状矿物以石英为主，长石次之。

▶ 片岩

片麻岩 Gneiss

片麻岩为具粗理的结晶质变质岩，变质程度深，主要由硅酸盐类矿物，如长石、石英、云母等组成，其中长石和石英含量大于50%，长石多于石英。矿物呈镶嵌状及鳞片粒状结晶，不同类型的矿物以规则或不规则交互排列而成，被称为片麻状构造或条带状构造。

▶ 片麻岩

石英岩 Metaguartzite

石英岩是石英砂岩经过热力变质重新结晶形成的。石英岩的矿物成分主要是石英,比石英砂岩孔隙少,质地更加坚硬,是优良的建筑材料。质地较纯的石英岩是白色的,如果含有铁质氧化物,则会呈现红色。

▶ 磁铁石英岩

大理岩 Marble

大理岩是常见且常用的变质岩之一。

大理岩是石灰岩类岩石在高温条件

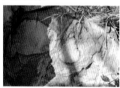
▶ 石英岩

下矿物成分重新结晶形成的更坚硬的岩石,颜色则因其原岩的组成成分不同而从纯白到深灰,还可能有各种形态的纹理。纯白的大理岩称为汉白玉,在古代皇家园林宫殿中常用作围栏的栏板、望柱等装饰。

由于大理岩质地坚硬,研磨后表面光滑,还常常显示出好看的纹理,长期以来被作为高级建筑材料、建筑物装饰和石雕原料。

▶ 纯白的大理岩——汉白玉

▶ 故宫大理石石雕——艾叶青

山体的形态及其地质成因

山体的基本形态

在野外，我们看到的山体大体上可以有几种分类方式：

以山体的相对高度划分：有丘陵、低山、中山、高山等；

以山体的基本形态划分：有陡坡、缓坡、单面山、方山、峭壁、悬崖等；

以山体的组成成分划分：有石山、土山等。

各种山体形态形成的原因也各不相同，主要与岩石的种类、形成时间的长短有关，人类的开发活动也会影响到山体的形态。

陡峻的高山，往往是由花岗岩、砂岩、大理岩等比较坚硬的岩石组成。因为坚硬的岩石在大自然阳光风雨等外力的侵蚀下风化得相对缓慢，植物也很难在上面生长。

▶ 花岗岩山体

石灰岩是一类比较特殊的岩石,它们虽然比较坚硬,却容易被水溶蚀,特别是在降水呈现偏酸性的地区,更容易被溶蚀。但是,它们具有发达的、垂直方向的裂隙,被水溶蚀后,经常会沿着裂隙坍塌,形成陡峻的山崖。

没有或很少有植被的石山,可以很方便地看清楚岩石的颜色,浅色发黄的山体多是砂岩或花岗岩。

层理构造

沉积岩层大多呈现水平层理,在野外,我们常可见层理清晰的石灰岩层。

但是,由于地球自转和内部岩浆的活动等原因,都可能导致地壳的岩石发生变形,缓慢的作用力可以使岩石层一点点地弯曲,年长日久,这种弯曲也就日渐明显。这就是我们经常在野外看到的倾斜的岩石层。许多倾斜的岩石层组合在一起,就像衣服上的褶子一样,被称为褶皱。

岩石受力弯曲是有限度的,当受力过急过大,岩石承受不住,就会发生断裂,同时产生地震。断裂面两侧的岩层如果发生了相对位移,就是断层。

▶ 水平岩层

▶ 岩石中的微型褶皱

起伏的山峦

倾斜的岩石层向上弯曲的部位被称为背斜，一般形成了山脊（山梁）；向下弯曲的部位被称为向斜，一般形成山谷。一系列褶皱形成了连绵起伏的山峦——山脉，大的山脉一般都与褶皱密切相关，如天山山脉、祁连山脉、昆仑山脉乃至喜马拉雅山脉等都是褶皱山脉。

▶ 褶皱山脉-念青唐古拉山脉

▶ 褶皱山脉-念青唐古拉山脉

低缓的山地丘陵

弯曲比较小的岩层形成比较平缓的低山或丘陵；年代久远的褶皱山脉，如果岩石不太坚硬，经过长年累月大自然的风吹日晒、雨雪侵蚀，也会逐渐变得低矮平缓，形成低山丘陵，我国东部沿海地区的低山丘陵都是此类，如山东、辽东的低山丘陵以及江南丘陵等。

▶ 内蒙古高原上的缓丘

在低山丘陵地区，山坡乃至山脊上一般都有比较厚的土壤覆盖，难以见到裸露的岩石（也有例外），即使看到岩石，大多也风化破碎得比较厉害。

▶ 低山丘陵

YANSHI YU DIXING DIMAO 岩石与地形地貌

21

单面山

　　山脊的顶部是最容易被侵蚀的部位，年代久远的褶皱山脉，如果岩石比较软弱，或者顶部出现了比较多的裂隙，随着时间的推移，风化作用的加深，那里就会成为谷地。这种山峰，岩层的倾斜方向是朝着一个方向的，山势沿着岩层倾斜方向的一面比较缓，另一面则比较陡峻，这就是单面山。

▶ 单面山

断层山

▶ 断层山－华山北峰

　　单面山形成的另一种原因是断层。地壳岩层因受力达到一定强度而发生破裂，沿破裂面有明显相对移动的构造称断层。如果断层两侧的岩层只是在水平方向上移动，则被称为水平断层，不形成断层山，当断层的岩层有上下的移动时，就形成了断层山。

　　在地貌上，大的断层常常形成裂谷和陡崖。断层山的山势依断层面的倾斜角度而定，如果断层面倾斜的角度比较小，山势就比较缓，倾斜角度大，山势就会陡峻一些，如果断层面是竖直的，就会形成断崖。

西岳华山是典型的断层山，其很多山峰形态如斧砍刀削，断崖绝壁比比皆是。

北岳恒山也是断层山，由于岩石类型与华山有异，山体形态与华山也大不相同。

▶ 断层山－北岳恒山

地堑和地垒（方山）

地堑是两侧被高角度断层围限，中间下降的槽形断块构造。多指大、中型的构造，大者延绵可达数百千米。地堑常成长条形的断陷盆地，其边界可以是平直的，但更常见的是折线状边界。

地堑在地形上常表现为断陷谷地，如汾渭地堑就形成汾河谷地与渭河平原。

与地堑相对应的另一种构造是地垒。地垒是两侧被断层围限，中间上升的断块构造。我国庐山是典型的断层地垒，它拔起于平原之上，山体高峻，悬崖绝壁多由断层形成。

当断层倾斜角度很大，形成时间又比较短时，就形成方山。

▶ 庐山断层

▶ 庐山瀑布三叠泉

花岗岩地貌

通常，人们把类似花岗岩的岩石都称作花岗岩，但这其中包含了许多种类的岩石，而且辨别起来也很容易，最主要是看其中石英的含量和暗色矿物的含量多少。一般来说，石英含量越少，暗色矿物就越多，岩石也越软弱，更容易被风化为低平一些的地形。

花岗岩山体

花岗岩岩体在我国约占国土面积的9%，达80多万平方千米，许多著名的山体都是以花岗岩为主体的，尤其是东南地区，大面积裸露各类花岗岩体。

花岗岩山体是岩浆整体侵入形成的，看不到层状结构，但可能有成群分布的、不同方向的节理。节理是花岗岩在岩浆侵入后冷凝时形成的脆弱易裂部位，山体常常沿着节理形成陡壁断崖。

山体形成的年代越久远，大自然对其侵蚀的差异就越显著，坚硬岩石形成的山峰就会更高峻。在连绵的群山之中，如果有一座山峰看上去特别高耸，有如鹤立鸡群，它多半是由坚硬的花岗岩构成的。我国许多名山主要是由花岗岩构成的，如安徽黄山、陕西华山、安徽九华山、江西三清山、山东崂山等。

我国东部许多风景优美的山都是花岗岩山体，如河南嵖岈山、北京昌平碓臼峪、凤凰岭等。

▶ 花岗岩岩体

▶ 花岗岩陡壁断崖

▶ 花岗岩节理

▶ 花岗岩山体－华山北峰

▶ 华山西峰

▶ 北京凤凰岭

花岗岩节理

　　由于节理的存在，当花岗岩在地壳变动过程中出露地表并强烈上升时，流水沿垂直节理裂隙下切，就会形成石柱或孤峰，石柱、孤峰丛集成为峰林，花岗岩峰林显得极为雄伟壮观，也是花岗岩山体成为名山的主要原因。

　　黄山的妙笔生花是花岗岩峰林的典型代表。在黄山切割深达500~1 000 m，形成高度在千米以上的山峰就有70多座。

▶ 花岗岩峰林－黄山

▶ 花岗岩孤峰－黄山

当流水沿花岗岩体中近于直立的剪切裂隙冲刷下切时，常形成近于直立的沟壑，沟壑越来越深，形成两壁夹峙，向上看蓝天如一线，这就是一线天。

中国的花岗岩地貌大多出现在雨水充沛的东部地区，一些花岗岩会发育有互相垂直的三组节理，丰沛的水源加上适当的地形，常形成跌水瀑布，竖直最发育的一组节理在流水的作用下形成山谷，水平的一组节理形成河床，另一组竖直的节理则造就断崖跌水。许多花岗岩山区会分布有多级瀑布，如黄山的人字瀑、百丈泉、九龙瀑，北京云蒙山的黑龙潭、天仙瀑等。

远观花岗岩的岩壁，上面有类似水墨画一样的不规则花纹，顶部常常有各种形态的孤立岩石，如安徽的黄山。

▶ 一线天

▶ 花岗岩的三组节理

▶ 由节理而形成的瀑布

▶ 黄山—花岗岩山体

花岗岩的球状风化

花岗岩虽然坚硬抗风化，但其内部矿物成分不同，在阳光的炙烤下，膨胀系数不同，会发生破裂，其尖角首先被风化——这就是花岗岩的球状风化现象。由于球状风化的特点，花岗岩山体常常是岩壁笔直、峰顶浑圆。当三组节理发育的岩石裂成大块，经过一段时间的风化，就会形成许多浑圆的石头，所以在许多花岗岩山区，山坡上常可见大大小小的圆石头——石蛋，如山东崂山、福建厦门的万石山等。

▶ 花岗岩的球状风化

▶ 独立石球

花岗岩的天然洞穴

花岗岩是不易溶解的岩石，因此不能形成在石灰岩地区常见的溶洞。但雨水沿花岗岩岩体内断裂冲刷，断裂上盘岩块的崩塌，能形成不规则的堆洞。石蛋交叠，之间的空隙也可构成岩洞，如黄山的水帘洞、莲花洞、鳌鱼洞。

▶ 花岗岩天然石室－北京百望山

▶ 花岗岩的天然石屋－华山

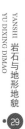

花岗岩泉

"自古名山多聚泉",泉是花岗岩山地的重要旅游景观,如著名的黄山温泉、骊山温泉等。花岗岩一般含有极少量的放射性元素,如氡,泉水中少量的氡气对人体有益,可饮可浴,但是如果氡过多,也会对人体有害,特别是长期生活在氡含量超标的环境下,可导致癌症。

寒冷地区的花岗岩地貌

在寒冷且昼夜温差大的地区,花岗岩还会呈现出独特的岩臼地貌。在内蒙古克什克腾青山景区,山顶附近的花岗岩上有成群的、大大小小、形态不一、但又都略带圆弧形的岩臼。专家考证认为,岩臼是花岗岩在寒冻风化作用下形成的。具体说,是液态的水在温度骤变时冻冰,体积膨胀侵蚀岩石,在岩石顶部形成的各种流线形的坑。

▶ 花岗岩岩臼-克什克腾青山

▶ 桃园三结义

▶ 花岗岩峰林–内蒙古阿斯哈图

▶ 月亮城堡–内蒙古阿斯哈图

　　在寒冷而风沙比较严重的地区，花岗岩呈现另一种峰林形态。在内蒙古克什克腾国家地质公园阿斯哈图石林景区就分布有独特的花岗岩峰林，"阿斯哈图"是蒙古语，意为"险峻的岩石"。

　　在阿斯哈图，花岗岩岩体在早期冰川的作用下被切割成刃脊和角峰，再经过后来的寒冻、水蚀和风沙雕琢，形成了现在的模样。在石林的岩壁上，常可见成群的水平凹槽，这便是风沙侵蚀的结果。

脉岩地貌

　　脉岩是岩浆侵入古老岩体的裂隙中形成的类似墙体的岩体，野外常见的脉岩比较薄，厚度一般在10 cm以下。有时，在一块岩石上可以看到相互穿插的多条岩脉，这多条岩脉一般是不同期形成的，晚期的岩脉会穿插在早期的岩脉中，容易辨认。

　　厚度比较大而且坚硬的脉岩在差异风化作用下会凸出于山体，形成独特的地貌。常见的是正长岩。正长岩为肉红色，质地均一，不容易风化，当围岩风化后，它矗立在山体上，似一堵蜿蜒的城墙，非常显著。

▶ 两期岩脉

随着岩墙形态的不同，人们会给它们以不同的命名，如北京河北交界处的雾灵山顶，岩墙呈放射状，似一群奔腾在山顶的骏马，被称为"瘦马脊"。而在北京怀柔，岩脉从一座小山盘旋而上，人们称其为蟠龙山。

▶ 正长岩岩脉

▶ 蟠龙山

砂岩及沙砾岩地貌

　　坚硬的砂岩和沙砾岩的岩层远观可见明显的或厚或薄的层状结构（沉积层理），岩壁陡峻而顶部比较平缓，近观层内岩石的颗粒、颜色、成分都比较单一。

▶ 砂岩的水平层理

砂岩地貌

　　我国典型的砂岩山体地貌有湘西武陵源。

　　武陵源包括张家界、天子山和索溪峪3部分，其中张家界和天子山以砂岩峰林地貌为主，峰林集中分布区面积86 km²，有3 000多座拔地而起的石涯，其中高度超过200 m的有1 000多座，金鞭岩竟高达350 m。

　　石涯的特点是顶部平坦、侧面陡峻，在层面上多呈阶梯状，形成大大小小的方山、台地、峰墙、峰丛、峰林、石门、天生桥及峡谷、嶂谷等形态。

　　由于张家界的石涯涯壁陡峻，寸草难生，而顶部平坦，能够生长植物甚至小树，山岩远观为青绿色，故又称青岩山。

▶ 砂岩峰丛-张家界

▶ 砂岩峰林-张家界

▶ 峰谷-张家界

▶ 长有小树的岩石-张家界

丹霞地貌（红色砂砾岩地貌）

　　由红色河湖相砂砾岩构成的以赤壁断崖为特色的一类地貌均被称为丹霞地貌，广东丹霞山便是这一类特殊地貌的命名地。

　　丹霞山由红色砂砾岩构成，以赤壁断崖为特色，看去似赤城层层，云霞片片。构成丹霞地貌的砂砾岩比较坚硬，但多垂直的断层和节理，随着构造运动抬升，整个丹霞盆地变为剥蚀地区。在漫长的岁月中，间歇性的抬升作用使得本区形成了大面积的红层峰林，有大小石峰、石堡、石墙、石柱380多座，山峰高度一般在300～400 m，高低参差、错落有致、形态各异、气象万千。

▶ 武夷山九曲溪

▶ 福建武夷山

▶ 武夷山大王峰

我国著名的丹霞地貌还有福建武夷山、浙江江郎山、江西龙虎山、福建大金湖、安徽齐云山、湖南郴州飞天山、湖南莨山等。

在西部和云贵高原、青藏高原还有高山丹霞地貌类型，如甘肃平凉崆峒山、宁夏西吉火石寨以及青海尖扎坎布拉等地。

在我国北方地区，也有小范围的丹霞地貌，如河北赤城的莲花山，由于降水量比较少，山体的剥蚀作用不如南方的强，山体更显浑厚一些。

▶ 江西龙虎山

▶ 江西龙虎山

▶ 龙虎山象鼻峰

▶ 青海尖扎坎布拉

▶ 莲花山—河北赤城

黄土地貌

黄土地貌是发育在黄土地层中的独特地貌。黄土的特点是疏松，极易被水侵蚀，在缺水的地区比较容易保存一定的地貌特征。

▶ 黄土地貌

我国黄土高原是世界上黄土厚度最大的区域，黄土厚度一般在50~200 m，最厚的地方达330 m，也是黄土地貌最典型的区域。

黄土地貌的特点是沟壑纵横、地面破碎。因为黄土具有比较发育的垂直节理，即使少量的流水也很容易将其冲蚀成深沟。在黄土沟壑壁上，可以明显地看到流水冲蚀的痕迹。

▶ 黄土沟壑

在黄土高原，随处可见深深的沟壑将原面切割成一小块一小块的，顶部平坦，面积较大的被称为黄土塬，如陕北洛川塬、甘肃会宁的白草塬等；当黄土塬再被切割出一道道深沟，塬面就变成了窄窄的黄土梁；当黄土梁再被横

▶ 黄土窑洞

向切割得面积更小时，顶面就不能保持平坦，而是呈馒头状的了，这就是黄土峁。

黄土虽然抗水蚀的性能差，但抗垂直压力的性能比较好，因此，在缺水的黄土高原地区，人们利用黄土的这种性质在黄土中建造窑洞，不仅方便，而且坚固耐用，住起来还很舒适，冬暖夏凉。

我国黄土覆盖范围不仅限于黄土高原，在甘肃、新疆、河北、内蒙等地也有一定的分布，著名的新疆吐鲁番交河故城就是在黄土层上建造起来的。

▶ 黄土－ 新疆交河故城

石灰岩地貌（喀斯特地貌）

石灰岩的主要化学成分是$CaCO_3$，它们容易被水溶蚀，特别是在降水呈现偏酸性的地区，溶蚀作用更显著。一般情况下一升含二氧化碳的水可溶解大约50 mg的碳酸钙。在石灰岩地区多形成石林和溶洞，称为喀斯特地貌。

由于石灰岩具有发达的、垂直方向的裂隙，流水沿垂直裂隙下切，经常会沿着裂隙坍塌，形成陡峻的山崖。

我国喀斯特地貌的分布面积有100多万平方千米，广西、贵州和云南东部所占面积最大，西藏和北方地区也有分布。广西和广东主要是热带和亚热带喀斯特，贵州、云南和西藏为高山和高原喀斯特。

▶ 石灰岩地貌

桂林喀斯特地貌

我国典型的喀斯特地貌是广西桂林、阳朔一带。桂林位于一个巨大的褶皱盆地中，这一地区石灰岩厚度大、质地纯、降水丰沛，漓江穿盆地而过，流水对石灰岩的溶蚀作用形成了丰富多样的岩溶地貌景观。

在溶蚀的初级阶段，流水在岩石的顶部只溶蚀形成浅浅的沟槽，凸起的部分称为石芽，随着溶蚀的加深，山峰逐渐显见。当山峰之间的沟谷被溶蚀到1/3~1/2，峰与峰下半部相连时，被称为峰丛；当山谷被溶蚀到底时，就成为典型的峰林；随着流水继续溶蚀，山峰之间有了距离，这就是孤峰了，属于溶蚀的后期阶段。

▶ 石芽

▶ 漓江风景

▶ 峰丛

当地壳抬升，地下水位下降时，流水侵蚀就会形成宽广的溶洞，如桂林芦笛岩、湖南索溪峪黄龙洞、福建宁化天鹅洞，洞穴里还会有形态多样的洞穴沉积形态——钟乳石、石笋、石柱等。

在溶岩地区，地表河流流经洞穴发育的地区，水流通过垂直洞口进入地下，就形成落水洞，地表河流也可能因此而断流。

不是有石灰岩的地方都能形成桂林山水那样的地形地貌，而是需要有大面积、大厚度、质地纯净的石灰岩，还要求有温暖潮湿的气候条件才有可能发育成如此完美的地貌，形成那样美丽的自然风光。

我国亚热带地区岩溶地貌发育的还有四川兴文石海、重庆武隆、黔江小南海等地。长江三峡一带也是石灰岩地区，三峡也是因石灰岩而成。在瞿塘峡以上，长江穿行在质地较软的砂页岩间，到了夔门，进入了质地比较坚硬的石灰岩地区，流水通过石灰岩的裂隙切入，河道骤然缩窄，形成岩壁陡直幽深的峡谷，造就了天下雄奇的夔门。

在长江三峡一带，不仅干流是穿行在石灰岩峡谷之中，许多支流也穿行在石灰岩的峡谷中，如大宁河、香溪、九畹溪等。

▶ 峰林

▶ 孤峰

▶ 地下暗河—肇庆七星岩

喀斯特不仅有独特的山地形态,还有着形态各异的地下结构——天坑、溶洞及地下暗河。

石灰岩多裂隙,可渗水,又易溶于水,但容水量有限,当流水渗入岩石达到饱和时,地下水就开始水平流动,这就是地下水位。流水会沿着岩层的水平层理溶蚀,形成洞穴,如果水位变化不大,洞穴逐渐扩大,就形成地下暗河。我国许多著名的地下洞穴暗河都属于此,如广西桂林七星岩(古称栖霞洞)、广东肇庆七星岩、江苏宜兴善卷洞、江西彭泽龙宫洞等。

▶ 溶洞中的钟乳石、石笋、石柱

▶ 夔门

▶ 大宁河

▶ 九畹溪

高原喀斯特地貌

随着海拔升高，气候变得寒冷，石灰岩岩溶地貌会呈现不同的特征。

云南路南石林是目前唯一位于亚热带高原地区的石灰岩石林。

石林以岩溶峰丛地貌景观为主。这里有厚层的石灰岩，在地壳运动的抬升过程中，多次遭受地下水、地表水沿岩石裂隙进行溶蚀，最后形成了组合类型多样的石林地貌景观。最早一期石林形成于2亿5千多万年前的早二叠世晚期，而最新一期还正在形成中。其间经历了玄武岩和湖泊碎屑沉积的覆盖以及多次的抬升剥蚀。

石林具有最为多样的喀斯特形态，有发育完美的剑状、柱状、蘑菇状、塔状等喀斯特形态，可谓集石林景观之大成。低矮的石芽与高大的石柱成簇成片地广布于山岭、沟谷、洼地等各种地形，并且与喀斯特洞穴、湖泊、瀑布等共存，组成一幅喀斯特地貌全景图。特别是这里连片出现高达20~50 m的石柱群，远望如树林，石林术语即源于此。

贵州省是高原洞穴集中的省份，省内长度在2 000 m以上的喀斯特洞河有1 000多条，著名的洞穴有织金洞、绥阳双河洞、贵阳白龙洞、乌江多滨洞、都匀尧林洞、独山神仙洞、铜仁九龙洞、安顺龙宫等。

▶ 石林景区

▶ 塔状石林

▶ 石柱群

▶ 剑状石林

▶ 蘑菇状石林

露天钙华岩溶地貌

▶ 九寨沟彩池

四川省松潘地区具有高原石灰岩地貌的又一特殊类型——露天钙华景观为主的高寒岩溶地貌，主要包括黄龙景区、九寨沟景区及神仙池风景区。

黄龙沟位于岷山主峰雪宝顶下，是一条长约7 000 m、宽约300 m的钙华山峡。这里山势如龙，又称"藏龙山"。沟谷顶端的玉翠峰麓，高山雪水和涌出地表的岩溶水交融流淌。随着流速缓急、地势起伏和枯枝乱石的阻隔，水中富含的碳酸钙开始凝聚，发育成固体的钙华埂，使流水潴留成层叠相连的大片彩池群。黄龙沟连绵分布钙华段长达3 600 m，最长钙华滩长1 300 m，最宽170 m；彩池数多达3 400余个；边石坝最高达7.2 m。

▶ 雪山钙华山峡

　　碳酸钙在沉积过程中，又与各种有机物、无机物结成不同质地的钙华体，加上光线照射的种种变化，导致池水同源而色泽不一，即"五彩池"。

　　流水从五彩池下泻，水飞浪翻一路流淌，在长达2 500 m的脊状坡地上，形成了一层层乳黄色鳞状钙华体，气势磅礴，看上去恰似一条巨大的黄龙从雪山上飞腾而下，"龙腰龙背"上的鳞状隆起，就好像它的片片"龙甲"，这便是黄龙沟得名的缘由。

　　神仙池景点分布在一条长达3 000 m、宽约311 m的高山峡谷之中，2 000多个五彩缤纷的钙华彩色池梯田般地撒落其间。

　　地质专家对神仙池的成因和地质状况考察得出的结论是："神仙池钙化速度是黄龙风景区的10倍，为现代钙化沉积速度最快的地区，因此具有极高的科研价值。"

▶ 五彩池—黄龙

▶ 黄龙沟钙华梯田

▶ "龙甲"

▶ 钙华彩池梯田

我国北方石灰岩地貌

我国北方也有大面积石灰岩，由于水少，水质呈偏碱性，难以形成南方那样的清秀地貌，北方石灰岩山地棱角突出，洞穴沉积也另有风采。

在有河流的地区，石灰岩岩溶地貌多呈峡谷，谷底宽阔而平坦，崖壁高而陡峻，如北京、河北一带的拒马河上游、北京白河上游的龙庆峡、山东枣庄的熊耳山等。

在地下水充足的地区，北方溶洞内的沉积形态更丰富多姿，如北京房山世界地质公园就有一系列溶洞群，包括上方山云水洞、银狐洞等，特别是石花洞，由多层大型溶洞组成，保存有形态多样的各类石笋、石钟乳、石柱、石帘、石幔、石盾，以及形态独特的石花。

在水源稀缺且呈偏碱性的黄土高原，石灰

▶ 拒马河

▶ 石花—石花洞

▶ 石盾

岩山地则显现出几乎没有溶蚀的状态，更加粗犷。

北岳恒山是黄土高原石灰岩地貌的代表，岩层为古老的寒武纪奥陶纪石灰岩，距今已有5亿年，具有明显的水平岩层。

在漫长的地质历史中，造山运动和地壳升降运动在这里制造出许多断层，在垂直裂隙的作用下，岩石风化破碎，加上流水切割，形成方块状层叠裸露的山岩，以及深切的沟谷，相对高差可达1 000 m以上。

▶ 石幔

▶ 北岳恒山－悬空寺

变质岩地貌

部分变质岩容易风化，多形成低地平原，但热力变质重新结晶的岩石大多比较坚硬，不易风化，可形成山峰，如大理岩、石英岩、片麻岩等。

大理岩地貌

大理岩是石灰岩类岩石在高温条件下，矿物成分重新结晶形成的更坚硬的岩石，也可形成山峰，但多是局部分布，能形成大范围山体的比较少。著名的台湾太鲁阁大峡谷就是典型的大理岩峡谷，岩石被激流冲刷，在阳光的映照下显得光彩夺目。

河北涞源白石山也分布有大量大理岩形成的石柱，石柱洁白如玉，峰林险峻。

▶ 台湾太鲁阁峡谷中的大理岩

▶ 大理岩

▶ 河北涞源白石山大理岩峰林

石英岩地貌

石英岩也属于坚硬的岩石，因此也常常形成高峰。河南嵩山是我国石英岩山地的代表。

嵩山主峰地区的玉寨山、峻极峰、五指岭、尖山等，多为石英岩组成，加之构造运动抬升，使诸峰拔地而起，立壁千仞，险峻清秀，奇峰异谷遍布全区。

其他变质岩地貌

山西五台山的山石多为片麻岩、大理岩和石英岩，强度较大，不易被剥蚀，形成了山顶平缓、沟谷纵深而宽阔的特殊风貌。

山东泰山的主体是古老的寒武纪变质岩——片麻岩。硬度比较大，不易风化，而形成高峻的山峰。

▶ 山西五台山

火山地貌

火山是地壳内部高温物质喷出地表堆积形成的山体。火山喷发不仅有液态的岩浆，也有固态的火山弹和气态的硫黄等。

火山根据其活跃程度分为活火山和死火山。

死火山和活火山

死火山是人类历史记载中没有喷发过的火山。山西大同火山群是我国著名的死火山群。

在大同盆地东端和桑干河中游的河谷地带，约900 km²范围内，散布着30余座完整漂亮的火山锥体，这就是大同死火山群。大同火山群是第四纪火山运动的典型遗存，按所在方位分别划分为东、西、南、北4个区域，其中大同县城东北部的西区火山是火山锥景观最为密集也最为壮观的一个部分。火山的海拔高度大多在1 100~1 400 m，著名的有金山、黑山、狼窝山、阁老山、双山、马蹄山、老虎山和昊天寺山等。

▶ 峨眉山金顶

一般呈中心式喷发形成的火山锥，依其组成物质的差异与外观形态的不同，可以将它们分为盾形、穹窿状、岩渣和层状4种基本类型，大同火山群包括了全部这4种基本类型。

四川峨眉山也是一座古老的死火山，山顶上是一大片古生代喷出的玄武岩形成的熔岩平台。

峨眉山地区在燕山运动和喜马拉雅造山运动，以及伴随的青藏高原的抬升运动中地势升高，由于山顶上有坚实的玄武岩，其下的岩层受到保护而得以保持高度，又因山体内部"瀑流切割强烈"，进而形成了高2 000 m以上的峡谷奇峰。因下伏地层的岩石不同，地貌呈现不同类型，如石灰岩岩层中的岩洞地貌、花岗岩及变质岩区则形成深峡。

活火山是在人类历史期间经常周期性喷发的火山。周期为数十年到数百年。

休眠火山是比较长时间没有喷发，但有可能再度喷发的火山。

五大连池火山群

五大连池位于黑龙江省，是五座呈串珠状排列的湖泊，在湖泊的周围有14座火山锥。

五大连池火山群是中国有记录喷发年代最近的火山群，由第四纪更新世以来多次火山喷发形成的。其中，外围12座形成比较早，中部的两座火山——老黑山和火烧山是最新形成的，史籍中有1719—1721年这两座火山喷发的历史记录。五大连池正是这两座火山喷发的熔岩流阻塞河道形成的火山堰塞湖。

五大连池火山岩为碱性玄武岩，颜色深灰黑，表面流纹构造显著。

五大连池是中国境内保存最完整、最典型的火山群。其中包括规模较大的圆台形火山，有由火山熔岩台地连接在一起的东焦得布山和西焦得布山；内部深陷的漏斗状火山口，如老黑山，其火山口内部的陷落坑深达140 m；破裂状火山口，如火烧山、笔架山；大的火山口上还叠加有

笔架山　　　　　老黑山　　　　火烧山

▶ 五大连池

小的火山口的复合状火
山，如卧虎山，以及规
模较小的岩渣堆、盾火
山、圆盆状火山口等；
新期火山喷发形成的翻
花熔岩、结壳熔岩、绳
状熔岩交替出现，数量
众多、规模宏大、保存
完好的喷气锥、喷气碟
世界罕见。还有熔岩流

动形成的熔岩瀑布，岩浆喷发形成的熔岩洞穴等，有"天
馆"的美誉。

书刊检验合格证 06

▶ 圆台形火山-东焦得布山和西焦得布山

▶ 漏斗状火山口-老黑山

▶ 熔岩瀑布

▶ 破裂状火山口-火烧山

▶ 翻花熔岩

▶ 喷气锥

▶ 绳状熔岩

长白山火山群

长白山火山群位于吉林省的东部边境，以长白山顶截圆锥火山为主，分布着100多座火山。最大的火山口海拔2 600 m左右，直径达4 500 m，呈漏斗型，深达800多米。周围有广阔的熔岩台地，台地上又有众多的小火山分布。著名的有西鹅毛顶子、东鹅毛顶子、西土顶子、东土顶子、西马鞍山、东马鞍山、赤峰、老房子小山等。这些多如繁星的小火山拱卫着长白山，构成了壮观的火山群。

▶ 长白山火山熔岩山体

长白山火山群位于鸭绿江断裂和巨型纬向构造的复合部位，新生代以来火山活动频繁。长白山主峰是一座休眠的活火山。长白山早期喷发在距今200万~300万年的第四纪，形成了以长白山天池为主要通道的火山锥。

▶ 长白山主峰

在最近400多年来，即1597年、1668年和1702年又发生了3次喷发，形成了典型的火山地貌——玄武岩台地、倾斜玄武岩高原、火山锥体以及河谷等。

长白山的玄武岩有着典型的柱状节理，这是玄武岩的重要特征之一。

长白山主峰是一个相当宽阔的环形火山口，山体相对高度1 600 m，山体宽度达十几千米，火山口当中为天池。

在长白山火山口附近，还可发现黄、灰、褐、黑等色的浮石及玻璃质的黑曜岩等。

▶ 玄武岩台地

▶ 玄武岩柱状节理

61

▶ 长白山天池

▶ 浮石

镜泊湖火山群

镜泊湖火山群位于黑龙江镜泊湖西北约50 km的深山区，是2 000~3 000年前曾爆发过的休眠火山。在方圆20 km范围内有岩壁陡峭、形状不同的7个火山口连在一起，在3号与4号火山口之间，有熔岩隧道相通。

▶ 镜泊湖

▶ 吊水楼瀑布上的熔岩台地

　　镜泊湖火山主要由火山弹、岩饼、火山渣、浮岩、火山砾、火山砂等火山碎屑岩和熔岩组成火山锥体，熔岩分布于火山口周围，早期的熔岩大量充填于河谷，阻塞河道形成了火山堰塞湖——镜泊湖。

　　镜泊湖全新世火山喷发和熔岩流造就了现代火山景观，包括火山口森林、熔岩隧道和吊水楼瀑布。

腾冲火山群

　　腾冲火山群位于云南省贡山西侧，为我国西南最典型的第四纪火山。

　　腾冲坝子处于一片年轻的休眠式活火山群的怀抱之中。在腾冲县城周围100多平方千米的范围内，分布着大大小小90多座火山，腾冲县城就坐落在来凤山火山流出的熔岩之上。腾冲火山群为玄武岩，具有典型的大棱柱状节理，火山的形态有截顶圆锥状火山、低平状火山、盾状火山和穹状火山等多种类型，保存完好的有23座。在火山熔岩台地上，有玄武岩溶洞及地下暗河。

　　腾冲城北10 km的打鹰山是"火山之冠"，海拔2 614 m，相对高度640 m，火山口直径为300 m，深100 m。

　　腾冲火山口山顶大多呈铁锅形，当地人称之为"空山"。放重脚步走时就可听到咚咚的回音，有地动山摇之感。在火山口附近，有大量灰、红、黑等颜色的火山浮石。

▶ 玄武岩大棱柱状节理

▶ 腾冲火山口—小空山

达赉湖火山群

在内蒙古高原东部，有一座碱水湖——达赉湖，蒙语为"达里诺尔"，达赉湖火山群就分布在达赉湖西北侧。火山活动发生在距今约10万年的晚更新世，多为中心式喷发玄武岩。在广阔的熔岩台地上，分布着众多的火山口和熔岩喷气碟。

达赉湖火山群类型多样，保存完整，是中国东部火山地貌的典型地区之一。著名的火山口有砧子山、马蹄山等。

▶ 达赉湖熔岩台地

▶ 马蹄山-破火山口

　　我国著名的火山还有内蒙古阿尔山火山群、柴河火山群、伊通火山群(伊通河北岸,七星山)、广东湛江湖光岩、福建福鼎太姥山、海南海口石山火山群、浙江雁荡山、安徽浮山、广东佛山西樵山、广西北海涠洲岛等地。

　　阿尔山位于内蒙古东北部,为活火山群。其中火山丘、火山口、火口湖、火山石塘蒸气螺、龟背岩等火山地貌特征齐全,有很高的科学价值和观赏价值。

火山温泉群

▶ 长白山温泉的硫华台地

近代活火山及休眠火山通常会伴生温泉，我国著名的温泉如云南腾冲地热群、吉林长白山温泉群、靖宇火山矿泉群、黑龙江五大连池温泉群、阿尔山温泉、西藏羊八井等地，都是近代有过喷发的火山区。

火山温泉根据喷发形式及温度可分为汽泉、温泉、热泉、沸泉等。

▶ 羊八井汽泉

风成地貌

雅丹地貌

雅丹地貌，是一种典型的风蚀地貌，又称风蚀垄槽。名称来源于维吾尔语，早期维吾尔牧羊人称此类地形为"雅丹"，意思是"具有陡壁的小山丘"。

雅丹地貌的形成有两个关键因素：一是发育这种地貌的地质基础，即湖相沉积地层；二是外力侵蚀，即荒漠中强大的定向风的吹蚀和流水的侵蚀。

在极干旱地区的一些干涸的湖底，地表常因干涸裂开，风沿着这些裂隙吹蚀，裂隙越来越大，使原来平坦的地面发育许多不规则的宽浅沟槽，沟槽之间常出现高达5~10 m的垄脊，这种支离破碎的地形被称为雅丹地貌。

▶ 干涸龟裂的地面

岩石与地形地貌
YANSHI
YU DIXING DIMAO

67

▶ 雅丹地貌

中国雅丹地貌的分布

中国的雅丹地貌面积约20 000 km²，主要分布于青海柴达木盆地西北部，疏勒河中下游和新疆罗布泊周围，以塔里本盆地的罗布泊西北楼兰附近区域最为典型。

新疆的雅丹地貌仅3 000~4 000 km²，规模小，典型的雅丹高4~5 m，10~20 m高的雅丹又称为mesa(麦萨)，即方台地。甘肃敦煌古海雅丹高20~100 m，属于中大型雅丹群，而且风蚀谷狭窄，雅丹造型更加丰富多彩。

高低不同的雅丹是其发展的不同阶段，矮小的是初级阶段，高大的属于高级阶段。

▶ 敦煌古海雅丹

雅丹地貌的成因

　　形成雅丹的外营力不仅仅是风，还有水。雅丹的成因可分为3种类型：一是以风力侵蚀为主形成的雅丹；二是以水流侵蚀为主形成的雅丹；三是风和水共同作用形成的雅丹。

　　以流水侵蚀作用为主的雅丹，主要分布在邻近山地的地区，新疆阿克吐别克五彩滩是流水侵蚀作用为主的雅丹。岩石的形态是顶部浑圆，底部类似山地上部的冲蚀沟谷。

　　五彩滩又称五彩河岸，位于新疆布尔津的额尔齐斯河上。河岸的岩石由紫红、土红、浅黄和浅绿等泥岩、砂岩及砂砾岩组成，因色彩艳丽多变而得名五彩滩。

▶ 五彩滩浑圆的山体−阿克吐别克

▶ 冲蚀沟−阿克吐别克五彩滩

▶ 五彩河岸－阿克吐别克五彩滩

▶ 吉木萨尔五彩湾

▶ 吉木萨尔五彩湾

以风蚀作用为主形成的雅丹，分布在距山区较远的平原，山区降水形成的洪水一般无法到达，只有风力在这里施威。

由风、水共同作用的雅丹，则处于上述两类雅丹之间，以著名的新疆罗布泊白龙堆雅丹、龙城雅丹为典型代表。流水的作用，首先将平坦的地表冲刷成无数的沟谷，将疏松沙层暴露于地表，再经风的侵蚀，形成如今的外貌。风、水作用，实际上是先水后风。这一片雅丹的走向，既与洪水沟走向一致，又与当地盛行风向一致，表明了二者对它的影响。

我国著名的雅丹地貌还有新疆的乌尔禾魔鬼城、吉木萨尔五彩湾以及新疆和甘肃之间的三垄沙等地。

乌尔禾风城（魔鬼城）

乌尔禾风城是最著名的魔鬼城，也是最容易到达的雅丹地貌区，位于准噶尔盆地西北边缘的佳木河下游乌尔禾矿区。

说起风城，其实那并不是什么人建造的城堡，而是大自然雕琢的独特的风蚀地貌。当地蒙古人将此城称为"苏鲁木哈克"，哈萨克人称为"沙依坦克尔西"，意为魔鬼城。

魔鬼城面积约10 km²，地面海拔350 m左右。在1亿多年前的白垩纪时，这里是一个巨大的淡水湖泊，后来经过两次大的地壳变动，湖水干涸，变成了砂岩和泥板岩相间的陆地戈壁台地。

▶ 乌尔禾风城

风城地处风口，四季多风。从风城的地表形态可以断定，它是由风沙和流水共同雕塑而成。

远看风城，酷似中世纪欧洲的城堡群，大大小小的城堡参差错落，比肩而立。

雅丹地貌的突出特征是风蚀龛和风蚀蘑菇。

风蚀龛是沙砾在岩石上钻出的孔洞，大的如石窟岩壁上的佛龛，因此被称为风蚀龛。

孤立的岩石在风沙的侵蚀下，常会形成上大下小，状如蘑菇形态，这就是风蚀蘑菇。其原因是风携带的沙砾在低处密集，高处稀少，所以对岩石的下部磨蚀得更厉害。

每当大风刮起，带有大量风蚀龛的风城中飞沙走石，天昏地暗，怪影迷离。风沙在风蚀龛间穿梭回旋，发出尖厉的声音，如狼嗥虎啸，鬼哭神号，若是在月光惨淡的夜晚，四周肃静，情形更为恐怖，因此，这里就有了魔鬼城之称。

▶ 流水侵蚀的浅沟

▶ 风蚀城堡

▶ 风蚀蘑菇

▶ 风蚀蘑菇

▶ 魔鬼城

风积地貌

典型的风积地貌是沙丘。沙丘随着风向的变化可以有不同形态，如链状沙丘、新月形沙丘、金字塔形沙丘等。在风沙极大的地区，还有更巨大而形态复杂的复合型沙丘。受植被影响，又分流动沙丘和固定沙丘。

我国新疆塔里木盆地中的塔克拉玛干沙漠以流动沙丘为主，准噶尔盆地和甘肃、内蒙古等地以半固定或固定沙丘为主。

敦煌鸣沙山是典型的复合沙丘。

▶ 半固定沙丘–准噶尔盆地

▶ 固定沙丘–内蒙古浑善达克沙地

▶ 复合型沙丘

海岸地貌

在海岸地貌的塑造过程中,地壳的升降运动奠定了基础,在此基础上,波浪作用、潮汐作用、生物作用及气候因素等塑造出众多复杂的海岸形态。根据海岸地貌的基本特征,可分为海岸侵蚀地貌和海岸堆积地貌两大类。

基岩海岸是陆地的山地丘陵被海侵入,海浪侵蚀岩石,形成各种形态的海蚀地貌,岸边的山峦起伏,奇峰林立,怪石峥嵘,岬角(突入海中的尖形陆地)与海湾相间分布。由于波浪和海流的作用,岬角处侵蚀下来的物质和海底坡上的物质被带到海湾内堆积形成沙滩。

▶ 岬角与海湾沙滩—普陀山

在不同的气候带,温度、降水、蒸发、风速不同,海岸风化作用的形式和强度各异,使海岸地貌具有不同的特征。此外,生物也会对海岸地貌产生一定的影响,如热带和亚热带海域,可有珊瑚礁海岸;在盐沼植物广布的海湾和潮滩上,可形成红树林海岸。

▶ 热带海岸风光—海南东寨港

海蚀地貌

海蚀地貌是基岩海岸在波浪、潮流等不断侵蚀下所形成的各种地貌，主要有海蚀洞、海蚀崖、海蚀平台、海蚀柱等。这类地貌又因海岸物质的组成不同，被侵蚀的速度及地貌发育的程度不同而有差异。

▶ 基岩海岸的海蚀地貌-福建平潭

▶ 基岩海岸的海蚀地貌-福建石狮

海蚀崖

　　海蚀崖多见于岸坡较陡、波浪作用较强烈的岸段，尤其是在岬角和岛屿处最为广泛。

▶ *砂岩海蚀崖－台湾野柳*

▶ 花岗岩海蚀崖

海蚀柱

海蚀柱有的是由于海蚀洞上部被侵蚀坍落逐渐形成的；有的原是海岛被侵蚀而成的；有的原是岬角，其后侧被侵蚀掉则成孤岛，最后继续遭侵蚀而形成海蚀柱。如山东青岛海滨的石老人、烟台芝罘岛的石公公、龙口屺姆岛的将军石、河北山海关的姜女坟和海南岛三亚附近的"南天一柱"等。

▶ 海蚀柱—福建平潭

▶ 海蚀柱—台湾垦丁

海蚀洞穴

在海蚀崖、海蚀柱、岬角和海岸岩石的裂隙中通常发育着海蚀洞穴，出露于高潮位以上。其中深度大于宽度的称海蚀洞，深度小于宽度者称海蚀龛。

▶ 海蚀龛-福建平潭

▶ 海蚀洞-台湾野柳

海蚀台地

有的海蚀崖前面有一个相对比较平坦的石滩，称为海蚀平台。随着海岸地壳的变化，海蚀台地可以分为多级，一级海蚀台地多为平顶礁，高潮时淹没，低潮时露出；二级以上海蚀台地则高出潮位。

我国海蚀地貌主要分布在辽东半岛、山东半岛，如大连的老虎滩、营口盖州市团山镇的"龙宫一条街"、山东青岛、烟台、崂山等地；福建沿海地带；浙江舟山群岛、台湾岛和海南岛等地。

▶ 海蚀台地—浙江舟山群岛

花岗岩海蚀地貌

福州市平潭县素有"千礁百屿"之称，全县有大小岛屿126座、岩礁648座。

平潭的岛礁主要为坚硬的花岗岩、花岗闪长岩等，天风海涛，造就了岛上优质的海滨沙滩与奇特的海蚀地貌。

海坛岛是平潭的主岛，也是福建第一大岛。它背靠大陆，面对东海，与台湾澎湖岛、广东南澳岛形成"海中三目"。

海坛岛石牌洋景区中的半洋石帆是两块花岗岩巨石，一高一低巍然屹立于万顷碧涛之中，东望如碑，南看似瓜，西视像帆，北见则似小巫见大巫，它们是中国最大的一对花岗岩海蚀柱。

在海坛岛南部的塘屿岛南端，有一巨型大石人仰卧于海陆边际线上。他头枕金色沙滩，脚抵东海碧波，双手平置于胯侧，状若天神，被誉为"海坛天神"。石人身体各部位比例匀称，全身长330 m，宽150 m，胸高36 m，是世界上最大的天然花岗岩球状风化造型。

▶ 平潭岛海岸地貌

▶ 海蚀柱—半洋石帆

▶ 海蚀柱-海坛天神

玄武岩海蚀地貌

　　浙江省舟山群岛是玄武岩海蚀地貌的代表。舟山群岛是天台山脉向海延伸的余脉。在1万至8千年前，由于海平面上升将山体淹没才形成今天的岛群。

　　舟山群岛地层大多由中生代火山岩构成，还有片麻岩、大理岩等古老的变质岩和新生代的玄武岩。第四纪以来，伴随着海平面的多次升降，又沉积了海相砂砾层和淤泥滩堆积。

　　群岛上发育着海蚀阶地、洞穴等海蚀地貌。普陀山岛的梵音洞就是典型的海蚀洞穴。

　　舟山岛上10 m高的海蚀台地到处可见，30 m高的台地更为清晰。海天佛国普陀山岛上的许多庙宇都是建造在玄武岩海蚀台地上的。

　　潮流将大量泥沙搬运到群岛的隐蔽地带沉积，把几个岛屿连接起来，形成岛上的堆积平原。舟山岛、朱家尖、岱山岛都是由于海积平原的扩展形成的大岛。

　　此外，台湾海峡的澎湖列岛、广西北海涠洲岛等也属于玄武岩海蚀地貌。

▶ 建造在海蚀台地上的庙宇

台湾野柳海蚀地貌

台湾野柳的海蚀地貌十分特别,众多蘑菇形的奇石布满了海滨,成为自然奇观。岩石的基质是沉积岩—砂岩,石质较松,水平层理十分清晰。

▶ 台湾野柳海蚀地貌

▶ 烛台岩

▶ 蘑菇石

海积地貌

海积地貌是近岸碎屑物质在波浪、潮流和风的搬运下，沉积形成的各种地貌。潮流是泥沙运移的主要营力。按堆积体形态与海岸的关系及其成因，可分为毗连地貌、自由地貌、封闭地貌、环绕地貌和隔岸地貌。按海岸的物质组成及其形态，可分为沙砾质海岸、淤泥质海岸、三角洲海岸、生物海岸等。

▶ 沙滩

沙砾质海岸地貌

沙砾质海岸地貌发育于岬角、港湾相间的海岸，由被侵蚀的物质经沿岸流输送堆积而成。海滩物质由松散的泥沙或砾石组成，构成了沙滩以及与岸线平行的沿岸沙堤、水下沙坝等一系列堆积地貌。若沙砾堆积体形成于岛屿与岛屿、岛屿与陆地之间的波影区内，使岛屿与陆地或岛屿与岛屿相连，称为连岛沙洲，如舟山群岛中的一些大岛。

以砾石为主的海滩称为砾石滩。在有足够的砾石碎屑供应时，在适当的海湾地形条件下，由于潮水的推动和筛选，可形成砾石滩。当砾石比较坚硬，不容易风化时，长期在海湾里滚动，也会形成类似河床中的

▶ 连岛沙洲 (对岸)

▶ 砾石海滩-朱家尖岛乌石塘

鹅卵石。舟山群岛朱家尖岛就有一个典型的鹅卵石滩,鹅卵石以黑色的玄武岩为主,小的如鹌鹑蛋,大的如鸡蛋,远看乌黑一片,因此被命名为乌石塘。

由细沙组成的海滩是优良的海滨浴场,如我国青岛、大连、北戴河、福建长乐、海南岛三亚等地都有一定范围的细沙海滩。

▶ 海滨浴场

淤泥质海岸地貌

淤泥质海滩是在潮汐作用较强的河口附近和隐蔽的海湾内堆积而成，海滩物质由小于0.06 mm的细颗粒组成，地貌形态较为单一，成为平缓宽浅的泥质潮间带海滩。我国渤海西部、江苏北部、杭州湾以南至闽江口以北海岸属于淤泥质海岸。

▶ 淤泥质海岸－河北乐亭

YANSHI YU DIXING DIMAO 岩石与地形地貌

89

三角洲海岸地貌

在河口由河流携带的泥沙堆积而成的向海伸突的泥沙堆积体，被称为河口三角洲。有呈鸟足状的，如密西西比河口三角洲；有呈尖嘴状的，如埃及尼罗河河口；有呈扇状的，如黄河三角洲等。

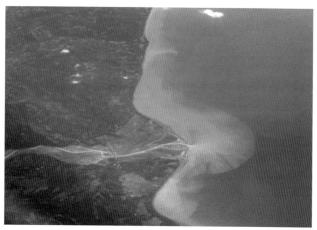

▶ 河口三角洲

生物海岸地貌

生物海岸为热带和亚热带地区特有的海岸地貌类型。造礁珊瑚、有孔虫、石灰藻等生物残骸的堆积，构成了珊瑚礁海岸地貌，主要分为岸礁、堡礁和环礁3种基本类型。岸礁与陆地边缘相连，并从陆地向海上方向生长，如红海和东非桑给巴尔的珊瑚礁。堡礁与岸线几乎平行，礁体与海岸之间由湖分隔，如澳大利亚的昆士兰大堡礁；环礁则环绕着一个礁湖呈椭圆形，中国南海西沙群岛大多为环礁。

在茂盛生长有耐盐的红树林植物群落的海岸，构成红树林海岸地貌。红树植物有特殊的根系、葱郁的树冠，能减弱水流的流速，削弱波浪的能量，构成了护岸的防护林，并形成了利于细颗粒泥沙沉积的堆积环境，形成特殊的红树林海岸堆积地貌。

▶ 水下珊瑚礁—台湾猫鼻头

▶ 环礁—南海

▶ 珊瑚化石

▶ 环礁—南海

▶ 红树林—台湾垦丁

▶ 涨潮时的红树林

▶ 红树林海岸野菠萝树—台湾猫鼻头